伝えよう！和の文化
お茶のひみつ②
茶道を体験しよう
監修　桐蔭学園茶道部

伝統的な作法でまっ茶をたてて、お客をもてなす「茶道」は古くから受けつがれてきた日本の伝統文化のひとつで、「茶の湯」ともよばれています。
茶道は、お茶のたて方やいただき方にきまりがあり、むずかしいと感じるかもしれません。けれども、大切なのはおもてなしの心です。茶道のおもしろさやおもてなしのひみつをさぐっていきましょう。

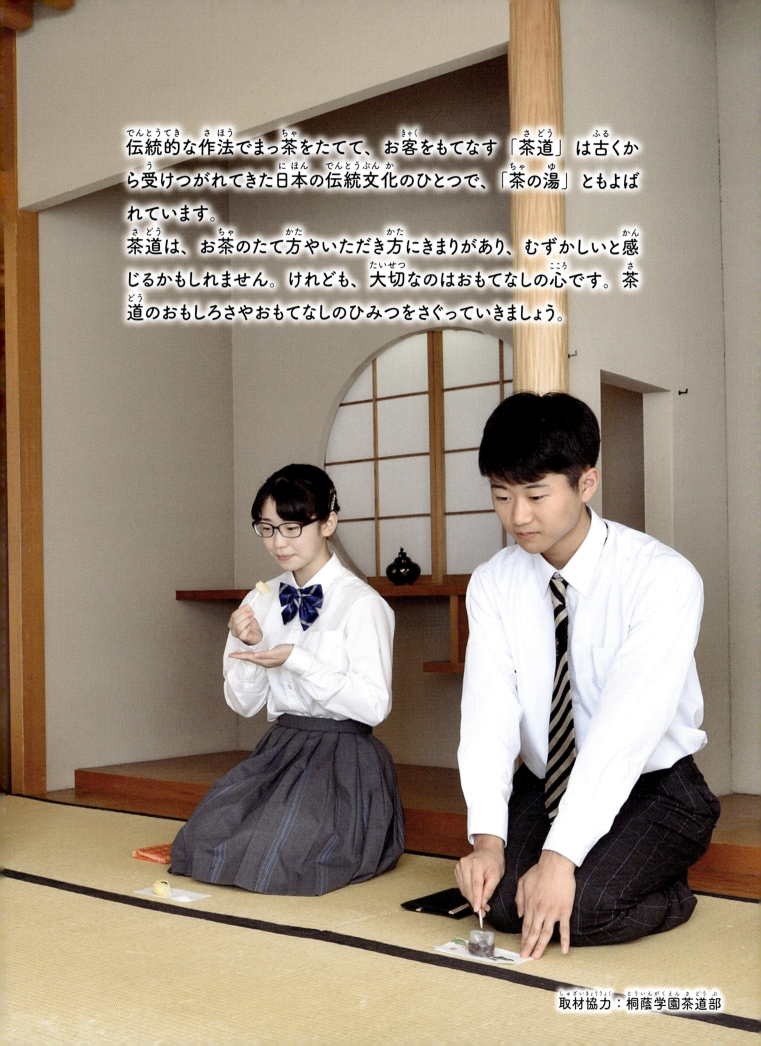

取材協力：桐蔭学園茶道部

はじめに

まっ茶を飲んだことはありますか？　まっ茶味の菓子を食べたことはあっても、まっ茶をたてて飲んだことがある人は少ないかもしれませんね。まっ茶は、茶道*の中でいただくお茶です。茶道は日本でうまれたお茶のいただき方で、「茶の湯」ともよばれ、長い間大切に受けつがれてきました。伝統文化と聞くと、「むずかしそう」と感じるかもしれませんが、茶道で大事なことは相手を思う気もちです。お茶をたてる側の人（亭主）は心をこめてお茶をふるまい、いただく側の客は亭主のおもてなしを受け取ることを大切にしています。茶道のさまざまな作法は、道具を大切にあつかうため、見苦しく見えないようにするため、相手に失礼のないようにふるまうためにあるのです。相手への思いやりの心を大切に、むずかしく考えずにまずはチャレンジしてみましょう。

*茶道は「ちゃどう」と読むこともありますが、この本では
一般的な読み方の「さどう」としています。

もくじ

- どんなお茶を飲むの？ …… 4
- どんな道具を使うの？ …… 6
- 茶道を体験しよう …… 8
- 茶会ではどんなことを話すの？ …… 15
- おぼえたい！　茶道の基本の姿勢と動き …… 16
- 基本のけいこをしてみよう …… 18
- 和菓子を食べてみよう …… 21
- まっ茶をたててみよう …… 22
- 茶会はどんな服そうで行くの？ …… 24
- 茶道部のココがおもしろい！ …… 25
- 茶道で伝える心 …… 26
- 季節をたのしむ茶会 …… 27
- 茶室を見てみよう …… 28
- 正式な茶会（茶事）の流れ …… 32
- いろいろな茶道のスタイル …… 34
- 茶道と和の伝統文化のつながり …… 36
- 茶道に欠かせない季節の和菓子 …… 38
- お茶はどんな器で飲むの？ …… 40
- どんな茶室があるの？ …… 42
- 茶の湯を伝えた人たち …… 44
- 千利休の弟子と茶道の流派を見てみよう …… 46

どんなお茶を飲むの？

茶道ではまっ茶を飲みます。まっ茶は緑茶のひとつですが、ふだんきゅうすでいれたり、ペットボトルなどで飲んだりする緑茶とはちがい、お茶の葉を石うすなどでひいて粉末にしたものです。「薄茶」と「濃茶」があります。

薄茶

見た目
あわい緑色で、ふんわり細かいあわが立つ。

飲み方
1人1つの茶わんを使い、お茶は全部飲みきる。

味わい
さわやかな苦みがあり、さっぱりとした味わい。ふんわりしたあわが口にふれたあと、さらりとしたお茶が口に入る。

菓子
正式な茶会は干菓子を合わせる。薄茶だけの茶会では、生菓子か半生菓子を出すこともある（38ページ）。

つくり方（たて方）
1人分はまっ茶約2g（ティースプーン1杯分）に、約60mLのお湯を入れ、茶せんでしゃかしゃかとたてる（6、22ページ）。

まっ茶って？

まっ茶の原料となる茶葉を「てん茶（碾茶）」とよびます。てん茶もほかの緑茶と同じチャノキの葉ですが、せん茶とはちがい、お茶の葉を収かくする20日くらい前にすだれなどをかけて太陽の光で葉がかたくなるのを防ぎ、あまみをたもつようにします。お茶の葉をもまずに乾燥し、石うすなどで粉末にするところも、せん茶とはちがいます。

まっ茶　てん茶

せん茶のつくり方は1巻を、まっ茶については4巻を見てみよう。

濃茶

見た目
濃い緑色でつやがある。とろりとしている。

飲み方
1つの茶わんのお茶を、お客どうしが分かち合う。1人が少し飲んだら、つぎの人にまわす。

味わい
濃厚で香り高く、まろやかな味わい。とろりとしたペースト状の食感。

菓子
正式な茶会にはねり菓子やまんじゅうなどの生菓子や半生菓子を合わせる（38ページ）。

つくり方（たて方）
濃厚な味となるため、苦みの少ないよいまっ茶を用いる。1人あたり約4g（薄茶の2倍の量）のまっ茶を茶わんに人数分入れ、約20mLのお湯でねりあげる（23ページ）。

どんな道具を使うの？

茶道で使う道具は、現在では日常で見ることは少なくなりましたが、昔はくらしの中で使われていたものでした。どんなお茶の道具があり、どのように使われるのかを見ていきましょう。

＊茶道の作法は茶道の流派（47ページ）によってことなります。この本では桐蔭学園茶道部（宗徧流）で使われているものを中心に紹介します。

ポイント
茶道の道具を手に入れたいときは、専門店に行ってみよう。

お茶をたてるとき　基本のセット

薄茶器（なつめ）
薄茶（4ページ）用のまっ茶を入れる容器。おもに漆器（うるしぬりの器）が用いられる。形が漢方薬などで使うナツメの実に似ているので、「なつめ」とよばれる。

ナツメの実

茶入・しふく
濃茶用のまっ茶を入れる容器を「茶入」という。陶磁器の小さなつぼで、美しい布で仕立てた「しふく」とよばれる袋に入れる。

茶入　　しふく

茶せん
お茶をたてるときに使う竹でできた道具。やわらかくて穂の数が多い薄茶用と、かたくて穂の数が少ない濃茶（5ページ）用がある。

茶わん
お茶を飲むための器。おもに冬は冷めにくい深いものを、夏は冷めやすい浅いものを使う。「濃茶」はまわし飲みするため、やや大きく厚手の器を用いることが多いといわれる。

茶しゃく
まっ茶をすくって茶わんにうつすための道具。もとは象牙でつくられていたが、中国から日本に伝わったのち、竹や木のものが多くなった。

茶きん
点前（8ページ）のときに茶わんをふくために使う白い麻の布。水にぬらしてしぼってからたたんで使う。たたみ方に作法がある（20ページ）。

ふくさ
亭主が道具を清めるために使う。男性は紫色、女性は朱色、年配の人は黄色を使うのが一般的。

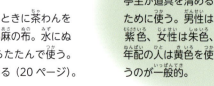

お茶をたてるとき　そのほかの道具

炉・風炉
炉はたたみの一部を切ってうめこんだ小さな囲炉裏のこと。本来は、ここに炭をしき、かまをのせる。現在は電気で温めるタイプがある。風炉はもち運びできる囲炉裏。

炉　風炉

かま
お湯をわかす道具。鉄でできていて、さまざまな大きさや形のものがある。炉・風炉とともに使う。家庭ではポットで代用できる。

水指
茶せんや茶わんをすすぐ水や、かまに足す水を入れておく容器。金属、陶磁器、木、ガラスなどさまざまな素材のものがある。

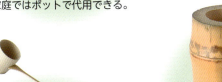

ひしゃく
竹製のお湯や水をくむ道具。炉用と風炉用があり、炉用のほうが大きい。

ふた置
ひしゃくやかまのふたを置くときに使う。素材や形もさまざまでユニークなものがある。

建水
茶わんをすすいだお湯や水を捨てるための容器。「こぼし」ともよばれる。

菓子器
菓子をのせる器。菓子の種類（38ページ）によって平らな盆や、底の深い菓子ばちなどを使い分ける。1人1皿にのせて出すこともある。

> **ポイント**
> これらの道具のほかに、道具をのせるたな、「点前（8ページ）」をおこなう場を仕切るびょうぶ、床の間にかざる花入や香をたく香合なども使うよ。

香合

まねかれたとき

せんす
茶会であいさつしたり茶道具を拝見したりするときに、ひざの前に置き、自分と相手との境界をつくり、相手に敬意をあらわす。

懐紙
菓子をいただくときに取り皿がわりにしたり、茶わんの飲み口をぬぐった指先をふいたりするときに使う紙。

小もの入れ
茶会に必要な、せんす、黒文字、懐紙などを入れておく入れもの。

黒文字（菓子切）
まんじゅうなどの主菓子（21、38ページ）を切るときに使うようじ。クロモジという木の枝でつくられている。プラスチック製やステンレス製もある。

7

茶道を体験しよう

まっ茶をたてて客をもてなすことを「点前」といいます。桐蔭学園茶道部の「薄茶」のけいこを見ながら、点前をおこなう人（亭主）、もてなされる側（客）のそれぞれの役割と流れを見てみましょう。

＊正式な茶会では白いくつ下にはきかえます（24ページ）。

亭主
茶会を開き、点前をおこない、客をもてなす中心となる人。

半東
茶会で亭主を手伝う人。水屋（30ページ）で指示を出したり、客にお茶や菓子を運んだりする。亭主を「東」ともよぶことから、手伝う人を半東とよぶようになった。

正客
茶会のメインとなる客で、亭主とやりとりをする重要な役割。茶室では客だたみに座る（31ページ）。

次客
二番目の客。正客のとなりに座る。客の人数が多いときは、次客、三客…とつづき、正客以外を「相伴客」といい、最後の客を「末客」（または「おつめ」）という。末客は道具を亭主に返すなどの大事な役割がある。

なぜ、茶道には作法＊があるの？

茶道はもてなす側ともてなされる側ともに役割があります。もてなす側は、客によろこんでもらえるように、もてなされる側は、亭主の大切な道具をこわしたりしないように、また心づかいを感じとれるように作法があります。亭主はスムーズに道具を運び、まっ茶をたてるけいこをし、客はまっ茶をいただいたり、道具を拝見したりするけいこをします。参加する人全員が一体となって、お茶をたのしむために作法は大切なのです。

茶会の流れ

 ❶準備をする
↓
 ❷茶室に入る
↓
 ❸道具を運ぶ
↓
 ❹道具を清める
↓
 ❺菓子をいただく

 ❻お茶をたてる
↓
 ❼お茶をいただく
↓
 ❽会話をする
↓
 ❾道具を片づける
↓
 ❿退出する

＊守るべき動作のきまり。

1 亭主 準備をする

亭主はどんな茶会にするかを考え、テーマや季節に合わせた道具（6ページ）を選び、まっ茶やお湯などの準備もしておきます。身だしなみを整え、ふくさをこしにつけます（18ページ）。

ポイント
お茶の道具を置く部屋を「水屋（30ページ）」というよ。道具は、きまった位置に置き、整理整とんすることが大切。

2 客 茶室に入る

せんす
小もの入れ

❶客が茶室に入るときは、ふすまの前に座り、せんすをひざの前に置きます。つぎにふすまを開けます（16ページ）。❷せんすを右手に、左手に小もの入れをもち、両手をついて、座ったまま両手とひざを使ってにじるように茶室に入ります。❸せんすをもった手をこしのあたりにそえて立ち上がり、床の間（31ページ）の前まで進みます。

ポイント
ふすまの開け方にもいろいろな作法があるけれど、一度に全部開けないのは共通しているよ。これから茶室に入ることを知らせるために、最初に少しだけ開けるんだ。

3 亭主 道具を運ぶ

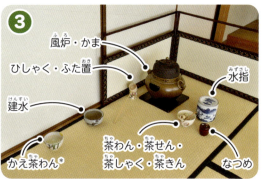

❶亭主と半東が茶室に入り、客に礼をします（礼のしかたは17ページ）。❷❸「一服さしあげます」とあいさつして、道具類を水指、茶わん、なつめの順に運びます（風炉とかまは客が入る前に茶室に準備しておきます）。

＊かえ茶わんは次客用の茶わんです。

ポイント
亭主はどんな道具でお茶をたてるか、客に見せていくよ。

4 亭主 道具を清める

（1）なつめと茶しゃくを清める

❶❷ふくさをさばいて（18ページ）、なつめを清め（19ページ）、中のまっ茶のようすを確認します。
❸ふくさをさばき直して、茶しゃくをふいて清めます（19ページ）。

ポイント
茶道では「清める」動きが何度も出てくるよ。道具はもともときれいなものを使うけれど、念入りに道具を清める動きをおこないながら、これから点前をおこなう人も、見ている客も、心を落ちつかせ、整えていくんだ。

(2) 茶せん通し

❶茶わんにひしゃく約1杯分のお湯を、かまからくんで入れます。❷茶せんを茶わんにひたし1回転させます。❸茶せんを床と水平になるようにもち、茶せんの穂先が欠けていないか1周まわして調べます。

ポイント

茶せんを手前に3分の1まわしたら、茶わんに置く(もどす)。茶せん通しはこの動きを3回くり返し、茶せんを1周まわして確認するよ。

(3) 茶わんを清める

❶茶わんのお湯を、茶わんの中でひとまわしして茶わんを温め、建水に捨てます。❷茶きんを茶わんのふちにかけ、はさむようにして3回で1周まわるように、茶わんのふちをふきます。そのあと茶わんの内側もふきます。

5 客 菓子をいただく

お先にいただきます

半東(8ページ)が和菓子(38ページ)をもってきて、正客の前に置きます。❶正客は次客に「お先にいただきます」とあいさつをします。❷正客は自分の前に懐紙(7ページ)を置き、菓子を懐紙にのせます。干菓子は手で取り、主菓子はそえられた取りばしなどを使って取ります(21ページ)。取りばしはもとの位置に置き、菓子器は次客の近くに置きます。

ポイント

菓子は、最後の客まで好きなものを選べるように人数分より多く用意するんだ。茶道では、奇数が好まれるため、2人の場合は3つ、3人の場合は5つ用意するよ。

6 お茶をたてる

(1)まっ茶をたてる

❶なつめを茶わんと同じ高さにもち、なつめから茶しゃく3杯分のまっ茶をすくって、茶わんに入れます。❷❸かまの中のお湯の温度を70〜80℃に調節するため、水指の水をひしゃくでくみ、かまに入れます。❹かまからひしゃくの8分目までお湯をくみ、❺ひしゃくに少しお湯が残るようにして、茶わんにお湯をそそぎます。残ったお湯はかまにもどします。❻茶せんをすばやく前後に動かして、茶をたてます（まっ茶のたて方は22ページ）。

ポイント

茶道ではお茶（まっ茶）をいれることを「た（点）てる」というよ。「点前」など、茶道で「点」という漢字が使われるのは中国の宋の時代に「まっ茶をたてる」ことを「点茶」とよんでいたことに由来しているんだ。

(2) お茶を出す

❶亭主は右手で茶わんを取り、左手にもちかえます。右手をたたみについて客のほうに体の向きを変えます。❷茶わんを時計まわりに2回まわして、正面を半東に向けて、たたみに置きます（点前の最中は茶わんの正面は自分〈亭主〉のほうを向いています）。❸半東は茶わんを受け取り、正客の前に運び、茶わんの正面を客に向けてたたみの上に置きます。❹半東と正客は向かい合って、たがいに礼をします。

半東と正客の間あたりを向く

ポイント

茶わんは絵やもようなどがあるほうが正面。底にある銘（作者のハンコ）を正しく読める向きに置いたとき、上になる位置が正面となる。一番美しい茶わんの正面を客に見せたいという心づかいだよ。客がお茶をいただくときに正面をさけるのも、亭主への敬意をあらわしているよ。

ここが正面

7 客 お茶をいただく

お先に

❶正客は、次客に「お先に」と声をかけて、ともに礼をします。つぎに亭主に「ちょうだいします」と言って、亭主と礼をかわします。❷❸茶わんを左手にのせ、右手で時計まわりに少しまわして正面をずらして、お茶をいただきます。❹飲み終えたら指先で飲み口をぬぐい、ぬぐった指を懐紙（7ページ）でふきます。

ポイント

まっ茶は3口ぐらいで飲み終わるように飲む。最後に「ズッ」と音を立てて飲みきる。きれいに飲みほす音をさせることで、亭主への感謝をあらわしているよ。

8 亭主 客 会話をする

正客がお茶を飲み終えたら、亭主は「いかがですか?」とたずねます。正客は「けっこうなお服かげんでございます」とこたえます。このやりとりはきまっています。亭主が次客にもかえ茶わん（次客用の茶わん）でお茶を出したあと、半東が正客の茶わんを受け取ります。次客がお茶を飲んでいる間、亭主と正客がお茶や菓子について会話をします（15ページ）。飲み終わった客は、茶わんの正面を亭主側に向けて、出された位置にもどします。

ポイント

昔はお茶は高級品で、薬として飲まれていたから、薬を飲むこと（服用）をあらわす「服」をお茶にも用いるんだ。

9 亭主 道具を片づける

(1) 茶わんや茶しゃくを清め、かまに水をさす

❶亭主は、ひしゃくで水指から水をくみ、茶わんにそそぎます。❷茶わんの中で茶せんをすすぎます。すすいだ水は建水に捨てます。茶わんの中に茶きんを入れます。❸茶しゃくはふくさでふきます（19ページ）。❹ふくさについたまっ茶は建水にはらいます。❺ひしゃくを使って水指からかまに3杯の水をさします（加える）。かまと水指にふたをします。

(2) 道具を運び、あいさつする

建水を左手にもって水屋（30ページ）にもどします。つぎに茶わんとなつめを水屋にもどし、最後に水指を水屋にもどします。亭主が茶道口（31ページ）に座り、「ごたいくつさまでした」*1 とあいさつをし、礼をします。客も礼を返します。

*1 ほかの流派では、「失礼いたしました」とあいさつすることもあります。

ポイント

建水は捨てたお湯を入れたものなので、左手にもち、客に見せないようにして左まわりで水屋にもどるよ。

10 客 退出する

茶会ではどんなことを話すの？

茶会では、お茶をいただいたあと、正客が客を代表して亭主と会話をします。
正客以外の客は、正客と亭主のやりとりを聞いてたのしみます。

もてなす側の思いを読みとろう

亭主は、いろいろなおもてなしのくふうをしています。正客はその心を感じとって、茶会にまつわる質問をしましょう。たとえば、庭のようす、お茶や菓子、道具、床の間のかざりについてたずねたり、印象的だったことを伝えたりします。正客は、茶会に参加している人たちみんなが聞きたいと思う内容をたずねることが大切です。

＊桐蔭学園茶道部での会話の例を紹介します。一般の茶会では、流派はあまりたずねません。

お茶

「おつめ」とはお茶をつくった茶師（お茶を製造する人）のこと。昔はお茶用のつぼ（茶つぼ）にお茶をつめて売っていたことから、「おつめ」とよばれるようになったよ。

「ただいまのお茶、たいへんおいしくいただきましたが、お茶の銘*2はなんでしょうか。」
「『古都の月』でございます。」
「おつめはどちらですか。」
「伊藤園でございます。」

＊2 まっ茶につける名前で、流派が名づけたり、濃茶用・薄茶用のちがいで名前がつけられたりします。

霧の音　古都の月
提供：伊藤園

菓子

菓子は味のほかにも、どんなモチーフなのか、菓子の名前（菓銘：38ページ）にこめられた意味も知っておこう。和菓子屋さんでたずねてみよう！

「すずやかなお菓子をちょうだいいたしましたが、菓銘をおしえてください。」
「本日のお菓子は『遊々』というお菓子です。金魚ばちの中で泳ぐ金魚をあらわしています。食感もたのしく、夏らしさを味わっていただければと。」

提供：茶菓 あずきや

かけ軸

床の間にかけるかけ軸には、その日の茶会にこめる亭主の思いがこめられているよ。書かれる言葉は、お茶を伝えたお坊さんが信仰していた禅宗（仏教）に由来する文言が多いよ。

「りっぱなかけ軸ですが、どうお読みしたらいいですか。」
「"一期一会" と書いてございます。」
「その意味をおしえていただけますか？」
「今日の出会いは一生に一度のもの、この日の出会いを大切にしたいという思いをあらわしています。」

茶花

床の間にかざられる花を「茶花」といい、花をかざる花びんのことを「花入」という。花は季節感があって、そぼくで自然なものを選ぶ。華道で美しく生けるのとはちがい、茶道では自然にあるようにかざるよ。

「お花の名前をおしえてください。」
「お花はききょうです。」

流派*3

「茶道の流派はどちらですか。」
「宗徧流でございます。宗徧流は鎌倉に家元がありまして、千利休の孫である千宗旦の弟子の一人、山田宗徧がおこした流派*2です」

＊3 家元・流派については47ページ。

提供：野村美術（龍宝山大徳寺塔頭黄梅院20世住職・小林太玄作）

おぼえたい！
茶道の基本の姿勢と動き

茶道はせまい空間で座っておこなうことが多いため、客の目線は低くなり、客との距離も近くなります。ふるまいが見苦しくないように、茶道ではむだがなく、美しく見える動き（所作といいます）が考えられてきました。美しい所作でおもてなしできるように練習してみましょう。

ふすまの開け方

❶ふすまの前に座る。開ける方向の手（ここでは左手）を引き手にそえて、手が入るくらい開ける。❷反対の手でふすまの下のほうに手をそえて体が入るくらい開ける。

ふすまの閉め方

❶閉めるときは開けるときと逆で、閉める方向の手（ここでは右手）でふすまの下を手でもち、ふすまを引く。❷反対の手（左手）を引き手にそえて閉める。

歩き方

茶室に入るとき（しきいをこえるとき）は、柱側の足（写真では左足）から出す。たたみを歩くときはたたみのたての長いほうを6歩で歩くつもりで、歩はばをせまくとる。足のうらを少しするように「すり足」で静かに歩く。たたみのへり（ふち）やしきいはふまないようにする。

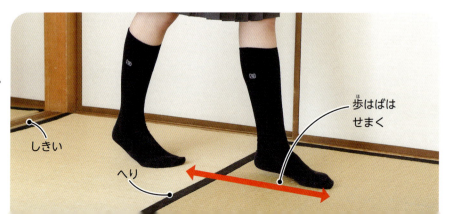

座礼

1 座ってするおじぎを「座礼」という。正座をして、背すじをのばして、両手をひざの下におろす。

指先は自然にそろえる

2 背すじをのばしたまま、体を前にかたむけ、おじぎをする。体をおこすときも、背すじをのばしたまま、ゆっくりとおこす。おじぎの深さや手の角度により、「真・行・草」の3種類のおじぎがある。

背すじはのばしたまま

ポイント

茶道では長い時間正座をしているから、血の流れが悪くなって足がしびれてしまうことがあるよ。とくに体にぴったりとした細身のズボンは、足があっぱくされるので、ゆとりのある服を選ぼう。足がしびれる前に、ときどき座りなおすこともおすすめ。

立礼*

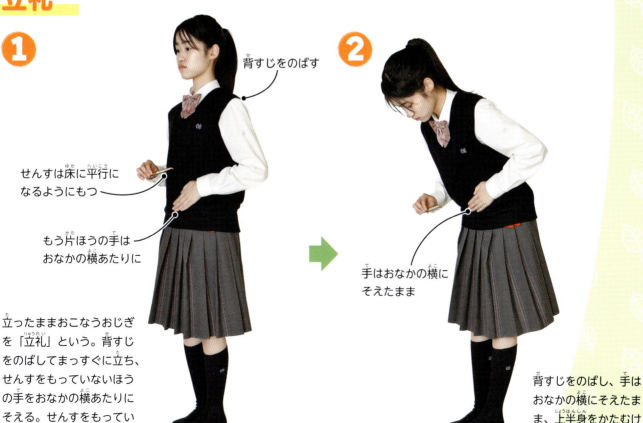

1 立ったままおこなうおじぎを「立礼」という。背すじをのばしてまっすぐに立ち、せんすをもっていないほうの手をおなかの横あたりにそえる。せんすをもっていないときは、両手をそえる。

せんすは床に平行になるようにもつ
もう片ほうの手はおなかの横あたりに
背すじをのばす

2 背すじをのばし、手はおなかの横にそえたまま、上半身をかたむけておじぎをする。ゆっくりと体をおこす。

手はおなかの横にそえたまま

＊ たたみの上ではなくテーブルといすを使っておこなう茶道の点前のことも、「立礼」といいます。

基本のけいこをしてみよう

茶道では、お茶をたてるときにふくさや茶きんで道具を清めるという大切な動き（作法）があります。ふくさ、茶きんのあつかいや道具の清め方を練習してみましょう。

ふくさをさばこう

ふくさは絹などでつくられた布で（6ページ）、亭主がなつめや茶しゃくなどの道具を清めるときに使います（10ページ）。このふくさのたたみ方を「ふくささばき」とよびます。亭主は点前の前にふくさをさばいたあと、こしにつけます。客がふくさを使うことはまれですが[*1]、おぼえておきましょう。

*1 茶わんやなつめなどの道具を見る（茶道では「拝見する」という）ときに、たたみの上にしいて使うこともあります。

ふくさのつけ方

❶❷4つ折の（売られているときの形）ふくさをさらに半分に折る。❸写真❷のふくさの右上の角の重なった部分の1枚目の角（A）を左手で、3枚目の角（B）を右手でつまむ。❹AとBをもって左右に広げる。❺右手の角を左手のおくになるように重ねる。❻左手でふくさをもち、こし（帯・ズボンやスカートのウエスト）にはさむ。

ふくさのさばき方

❶こしにはさんだふくさを左手で取り、両角を両手でもち、右手を上にして広げる。左手をはなし、左手の親指で写真の点線の部分を向こう側に折る。❷左手の4本指で写真の◁の部分を向こう側に折り、親指と4本の指ではさむようにもつ。❸左手の親指を軸にして、ふくさのはじ（角）どうしを合わせるように折る。❹右手の親指を軸にして、さらに半分に折る。❺両手の親指をぬく。

なつめと茶しゃくを清めよう

ふくさがさばけるようになったら、なつめや茶しゃくの清め方（ふき方）をおぼえましょう。

なつめ（茶入：6ページ）のふき方

❶ 18ページでさばいたふくさを写真のようにもつ。❷ 左手でなつめをもち、なつめのふたを「の」の字をえがくようにふくさで清める。❸ ふたをふいたら、ふくさをなつめの胴（横）へおろす。❹ ふくさをもったままふたを取り、中のまっ茶の状態を確認する。

ポイント

なつめの中には、まっ茶が山になるようにもられているよ*2。❷でなつめをふくときには、まっ茶の山がくずれないようにやさしくふこう。

＊2 亭主は茶会がはじまる前にまっ茶がだまにならないように茶こしでこして、なつめ（茶入）の中に山になるように入れておきます。

茶しゃくのふき方

竹の茶しゃくが折れないようにやさしく！

下から上へ

建水

❶ 18ページの「ふくさのさばき方」の写真❺の形で左手にふくさをもち、茶しゃくをふくさにのせる。❷ ふくさを2つ折りにするようにして茶しゃくを下から上へふくさでぬぐう。❸ ふくさについたまっ茶は、建水（7ページ）の上ではらい落とす。❸は道具を片づける（14ページ）ときだけおこないます。

茶きんをたたもう

茶きん（6ページ）は水屋で準備しておく「しぼり茶きん」と、道具などを清めるときの「ふくだめ茶きん」の2つのたたみ方があります。「しぼり茶きん」のたたみ方で茶きんをたたみ、茶わんに入れて茶室に運びます。

「しぼり茶きん」

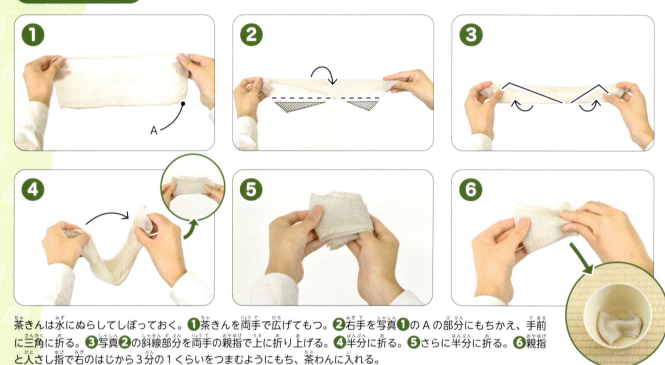

茶きんは水にぬらしてしぼっておく。❶茶きんを両手で広げてもつ。❷右手を写真❶のAの部分にもちかえ、手前に三角に折る。❸写真❷の斜線部分を両手の親指で上に折り上げる。❹半分に折る。❺さらに半分に折る。❻親指と人さし指で右のはじから3分の1くらいをつまむようにもち、茶わんに入れる。

「ふくだめ茶きん」

❶茶きんを両手で広げ、右手を上にしてもち、半分（点線の部分）を向こう側に折る。❷左手で真ん中をもち、左手の親指をはさむようにして手前に折る。❸写真❷の下3分の1（点線の下の部分）を、2枚まとめて向こう側に折り上げる。❹さらに向こう側に折り上げ、3つ折りにする。❺左手の親指をぬき、右手で上部をもつ。

20

和菓子を食べてみよう

日本の伝統的な菓子「和菓子」は、季節の花や動物などをモチーフとし、季節の旬の食材なども用いられ、四季のうつり変わりを伝えてくれます。茶道に欠かせない和菓子の食べ方のマナーをおぼえましょう。

和菓子って？

洋菓子がバターや牛乳、卵など動物性の食材を多く使うのに対し、和菓子はおもに米、麦などの穀物、豆、いも、寒天やくずなど、植物性の食材でつくられています。

正式な茶会（32ページ）では、懐石のあとに濃茶といっしょに主菓子を食べます。主菓子は、ふくまれる水分の量が多い「生菓子（30％）」と「半生菓子（10～30％）」があり、それより水分が少ないものを「干菓子（10％以下）」といいます（38ページ）。茶会では、和菓子を一度懐紙に取ってからいただきます。はしの取り方は、和食を食べるときのマナーとしても大切です。

主菓子の食べ方

❶ 懐紙のわになっているほうを自分に向けて、たたみの上に置く。

❷ 菓子器に左手をそえ、右手に取りばしをもって、菓子を取り、懐紙の上に置く。ふたたび菓子器に左手をそえて、取りばしをもとの位置にもどす（取りばしがよごれたときは、懐紙のはじでぬぐう）。

❸ 菓子切（黒文字）を使って、菓子を懐紙の上で食べやすい大きさに切っていただく。

はしの取り方

❶ 右手ではしを上からもつ。左手ははしの下をもつ。

❷ 左手でもちながら右手をはしの下にうつし、はしをもつ。左手をはなす。

まっ茶をたててみよう

まっ茶をたてるのはむずかしそう？コツをつかめば、お家でもかんたんにたのしめます。薄茶と濃茶（4ページ）、また夏にぴったりな冷茶のたて方を紹介します。

材料（1杯分）

- まっ茶
  ‥‥ティースプーン1杯（約2g）
- お湯‥‥‥‥‥‥‥約60mL

道具

- 茶わん
- 茶こし
- 茶せん
- ティースプーンなど

まっ茶は茶こしでこしておこう。

薄茶のたて方

❶ 茶せんを温める

茶わんにふっとうしたお湯（約100℃、分量外）を入れ、茶せんを温める。穂先がやわらかくなり、まっ茶のあわ立ちがよくなる。

❷ 茶わんを温める

❶のお湯で茶わんを温める。茶わんを温めておくことで、お茶の温度が下がらず、おいしくたてられる。お湯は捨てる。

❸ まっ茶を入れる

ティースプーン1杯（約2g）のまっ茶を茶わんに入れる。

★ポイント

まっ茶を入れたら、スプーンで平らにし、「キ」の字を書く。まっ茶の粉が広がって、お茶をたてやすくなる。

やけどに注意！

❹ お湯を入れる

茶わんにお湯60mLを入れる。ふっとうしたお湯ではなく、少し冷ましたお湯（70〜80℃）を入れる。

茶せんを前後に動かそう

だんだんあわ立ってくるよ

ポイント
あわが立ちすぎないほうがよいとされているよ！

❺ 茶せんを前後に動かす
茶せんを茶わんの底にあてて、まっ茶とお湯を軽くまぜたら、すばやく前後に動かし、お茶をたてる。

❻ 茶せんをあげる
茶せんで「二」の字を書いて大きなあわを消し、写真のように、あわがない部分を半月の形につくって茶せんをあげる。

濃茶の場合は？

濃茶は「たてる」といわず、「ねる」といいます。濃茶をねるときも、まず茶わんを温め、茶せんもお湯に通して穂先をやわらかくします。茶わんに1人分の薄茶の約2倍のまっ茶（4〜5g）を入れ、薄茶の約3分の1の量のお湯（20mL）をそそぎます。茶せんでお湯とまっ茶をなじませ、さらに少量のお湯をそそぎ、ねっていきます。薄茶よりもとろりとした食感です。

茶せんを①②の順に交ごに動かしねっていく。

アレンジ 冷茶のたて方
＊冷茶用のまっ茶と、よく冷やしたペットボトルの天然水を使うのがおすすめです。

❶ 水を入れる
茶わんを冷水で冷やしておく。水を捨て、ティースプーン1杯（約2g）のまっ茶を入れ、水を60mLそそぐ。

❷ お茶をたてる
まっ茶がだまにならないよう、茶せんを前後にすばやく動かして、お茶をたてる。

❸ 完成
まっ茶がしっかりとけたら完成。冷茶はあわが立たず、あざやかな緑色になる。

茶会はどんな服そうで行くの？

茶会にまねかれたら、どんな服そうで行けばよいのでしょう。身だしなみのポイントをおさえて準備しましょう。

清けつ感を大切に

茶道では、千利休が伝えた「和敬清寂」（26ページ）の心が大切にされています。「清」とは、清らかであること。身だしなみも清けつにたもちましょう。
茶会には着物で参加することが多いですが、洋服でもかまいません。洋服のときははでな色やもようの服はさけて、カジュアルになりすぎないようにし、清けつ感のある服そうを心がけましょう。茶室では正座で座るため、半ズボンや短いスカートはさけ、ひざが出ないものを選びます。また、肌が見えすぎないように、ノースリーブなどはさけ、そでのある服を選びましょう。
茶道では道具を大切にあつかいます。道具をきずつけるおそれのあるアクセサリーやうで時計ははずしましょう。お茶をいただくときに、髪がかからないように、長い髪の人は結んでおきましょう。

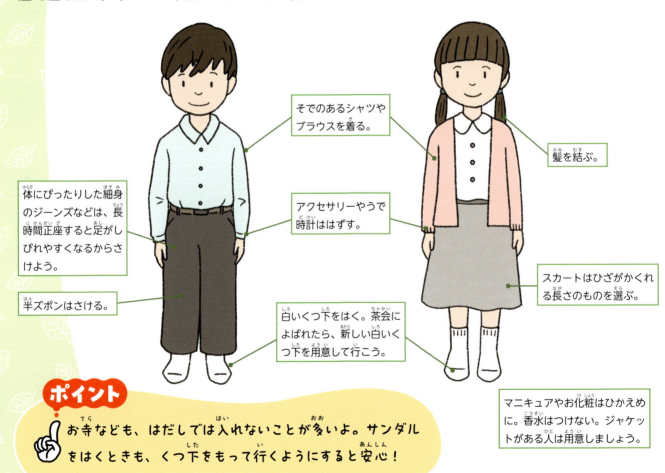

- そでのあるシャツやブラウスを着る。
- 髪を結ぶ。
- 体にぴったりした細身のジーンズなどは、長時間正座すると足がしびれやすくなるからさけよう。
- アクセサリーやうで時計ははずす。
- 半ズボンはさける。
- 白いくつ下をはく。茶会によばれたら、新しい白いくつ下を用意して行こう。
- スカートはひざがかくれる長さのものを選ぶ。
- マニキュアやお化粧はひかえめに。香水はつけない。ジャケットがある人は用意しましょう。

ポイント
お寺なども、はだしでは入れないことが多いよ。サンダルをはくときも、くつ下をもって行くようにすると安心！

茶道部のココがおもしろい！

茶道部のみなさんは、どんなきっかけで茶道をはじめたのでしょう？
茶道を習ってよかったこと、お気に入りの道具などを聞いてみましょう。

左から宇野莉奈さん、熊谷杏さん、豊貴雄士さん、新妻澄怜さん

宇野さん
茶道では、みんなが1つのことに集中し、心が1つになる瞬間を感じられます。茶道をはじめてから、ふだんの生活で姿勢やはしのもち方をほめられるようになりました。

熊谷さん
わたしは、「つるべ水指（35ページ）」の形がかわいくて一番のお気に入りです！　お点前は道具が変われば作法も変わって、おぼえることも多いですが、つるべ水指を使うお点前ができたときはとてもうれしかったです。

茶道部でおこなった陶芸体験のようす。

豊貴さん
ぼくは海外でくらしていたので、日本の伝統文化に興味があります。茶道はすべての所作に意味がかくされているのがおもしろいです。

新妻さん
お茶会は季節に合わせて、くふうしています。ハロウィン茶会では、仮装して点前をひろうしました。文化祭では一般のお客さんに立礼の形式でもてなしました。おもてなしに感謝されたことが心に残っています。

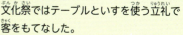

文化祭ではテーブルといすを使う立礼で客をもてなした。

25

茶道で伝える心

「おもてなし」という言葉には、「表と裏がない」という意味があります。もてなす側（亭主）は、裏表のない清らかな心で客をもてなし、客も、亭主の心づかいを感じとれるよう心を配ります。千利休（45ページ）は、茶道の精神を「和敬清寂」という言葉であらわし、心にとめておくべき大切なことを「利休七則」として伝えています。

「和敬清寂」とは？

和 おたがいに心を開いて仲よくすること。作法を知っている人も知らない人も分けへだてなく、なごやかにお茶をいただこう。

敬 おたがいを敬うこと。相手を大切に思う気もちをあらわすために、心をこめて礼をし、あいさつすることからはじめよう。

清 清けつであること。茶室をきれいにして清らかな環境をたもつことが大切。目に見えるところだけでなく、心も清らかに相手をもてなそう。

寂 どんなときにも動じない落ちついた心のこと。失敗してもあわてず、気配りができるように、心のゆとりを大切にしよう。

「利休七則」とは？

❶ 茶は服のよきようにたて
「服」とは飲むこと。相手のことを考えて飲みやすい茶をたてよう。

❷ 炭は湯のわくように置き
お湯をわかすにはよく燃えるように炭を置こう。

❸ 花は野にあるように生け
花は野に咲いている姿が目にうかぶように自然に生けよう。

❹ 夏はすずしく冬はあたたかに
目ですずやかさ、あたたかさを感じるように、くふうして季節に合わせた快適な空間をつくろう。

❺ 刻限ははやめに
時間と心にゆとりをもって行動しよう。

❻ 降らずとも雨の用意
いざというときにあわてないよう、何事も準備をしっかりしよう。

❼ 相客に心せよ
同席する人たち（相客）を気づかい、心を通わせよう。

季節をたのしむ茶会

茶道では、季節のうつろいを大切にしています。一年を通して季節に合わせたさまざまな茶会が開かれています。

花見の茶会のようす。

茶会は暦に合わせて開かれる

日本には四季がありますが、春夏秋冬の4つの季節だけでなく、より細かく分けた「二十四節気」という古い暦にしたがって、茶会は季節ごとに開かれています。茶道では和菓子や着物、お茶わんなどの道具、かけものや茶花など（6、31、38ページ）、さまざまなところに季節らしさを取り入れています。

一年を春夏秋冬の4つに分け、さらにそれを6つに分けた暦を「二十四節気」という。種まきや収かくの時期の目安にするなど、農業の目安として用いられてきた。

四季に合わせた茶会

春
2月の梅や3～4月の桜の開花に合わせた花見の茶会や3月のひな祭りの茶会など。春風にゆれるつりがま（34ページ）をたのしむ。

夏
5月5日の端午の茶会や7月7日の七夕の茶会など。点前のスタイルが風炉点前（34ページ）に変わる。ガラスの茶器を用いたり、冷茶（23ページ）でもてなしたりする。

秋
9月9日の重陽の節句におこなう菊の茶会、中秋（昔の暦の8月15日）のころのお月見の茶会、ハロウィンの茶会、紅葉の時期の茶会など。あたたかみのある色を道具や和菓子に取り入れる。

冬
新年を祝う「大福茶」、年が明けて最初に開かれる茶会「初がま」など。11月は炉を開く（炉に変える）月で、新茶（まっ茶）が入った茶つぼを開ける月でもあり、「茶の湯の正月」といわれる。

「茶事七式」とは？

時間や季節のうつり変わりを味わう7つの代表的な茶事*を、「茶事七式」とよんでいます。

❶正午の茶事
もっとも正式な茶会で、正午（12時）にはじまり、懐石、薄茶、濃茶をいただく。

❷暁の茶事
早朝5時ごろからおこなう茶事。11～2月に開かれ、夜明けの風情をたのしむ。

❸朝の茶事
おもに夏に、暑さをさけて午前6時ごろからおこなわれる。

❹夜咄の茶事
おもに冬（冬至から立春まで）のタぐれからおこなわれる。

❺不時の茶事
急にたずねてきた客をもてなすための茶事。「臨時の茶事」ともいう。

❻跡見の茶事
朝や正午の茶事に参加できなかったあとから来た客が希望したとき、同じ道具をそのまま使って開く茶会。

❼飯後の茶事
食事のあと、つぎの食事までの間に開かれる茶事。懐石がなく、菓子と薄茶、濃茶でもてなすため、「菓子の茶事」ともいわれる。

＊正式な作法にしたがってもてなす茶会（32ページ）を茶事といいます。

茶室を見てみよう

茶会をおこなう人（亭主）が客をまねき、お茶をたててもてなすためにつくられた空間を「茶室」といいます。茶会は、茶室につづく庭である「露地」*1からはじまります。露地と茶室のようすを見ていきましょう。

*1 「茶庭」ともいいます。

露地はどんなところ？

茶室のまわりに広がる庭を「露地」といいます。露地は、茶会に参加する人たちが日常からはなれて、茶の湯の世界をたのしむため、気もちをきりかえるための大切な空間です。

客は「露地口」とよばれる露地への入り口を入り、外露地にある「寄付待合」（❶）で白湯*2を飲み、身じたくを整えます。このとき亭主は準備のために一度下がります。身じたくを整えた客は「腰かけ待合」（❷）に移動して亭主のむかえを待ち、亭主から声をかけられたら、たがいに礼をして亭主は茶室にもどります。客は「中門」（❸）をくぐって内露地に入り、「つくばい」（❺）で手を清めます。庭の風情をたのしみながら敷石（❹）の上を歩んでいくと、いよいよ茶室にたどりつきます。

*2 ふっとうさせ、40℃くらいに冷ましたお湯。

❶ 寄付待合
茶会にまねかれた客が最初に案内される部屋。客はここで身じたくを整えたり、亭主が出した白湯を飲んだりして、案内を待つ。

❷ 腰かけ待合
外露地にある内露地に入る前の待機所。露地の風景をながめながら、亭主がむかえに来るのを待つ。

❸ 中門
外露地と内露地を分ける門。中門をくぐると茶室のある内露地に入る。

❹ 敷石
茶室へ案内するために、歩きやすいように置かれた石。「飛石」ともいう。石から石へと歩み、最後の石（くつぬぎ石：写真❻）ではきもの（くつ）をぬぐ。

❺ つくばい
茶室に入る前に、客は手を水で清める。水をすくうときに「つくばう（かがむ）」ことから、「つくばい」とよばれるようになった。

くつぬぎ石

❻ にじり口
客用の小さな入り口。かがんだ姿勢でひざをついてにじるように入ることから「にじり口」とよばれる。

ポイント
つくばいでは、ひしゃくで水をすくって、手を清めよう。前の人が荷物をもっていたら、うしろの人があずかってあげよう。

露地にあるさまざまなかざり

❼ とうろう
露地に置かれたとうろうは、神社やお寺などにある石どうろうなどをまねて取り入れられたものといわれている。庭の風情をたのしむためのもののひとつ。

❽ 止め石
「ここから先には進めません」ということを伝える石。客が道をまちがえないように、露地の分かれ道などに目印として置かれる。

提供：会津若松観光ビューロー

茶室はどんなところ？

現在の茶室は四畳半が基本ですが、人数が多い場合はより広い「広間」とよばれる茶室を使うこともあり、千利休が好んだとされるわずか二畳半の「小間」とよばれるせまい茶室などもあります。床の間や亭主が点前をおこなう場所、たたみを切ってつくられた炉などは、どの茶室にも共通してあります。

露地（28ページ）を歩いてきた客は、くつぬぎ石でくつをぬぎ、にじり口（29ページ写真❻）から茶室に入ったら、床の間の前で正座をします。せんすをひざの前に置いて礼をし、かけものや茶花、花入（31ページ）を拝見（見ること）しましょう。床の間の拝見が終わったら、炉（または風炉）を拝見します。全員が席についたらいよいよ亭主が入り、点前（8ページ）がはじまります。

水屋とは？

茶室のそばには「水屋」があります。茶わんなどの道具や水、炭、菓子などを用意したり、お茶をたてる準備や片づけをしたりする、台所のような役割をする場所です。また、客が多い大きな茶会の場合には、亭主は全員分のお茶を茶室ではたてず、水屋でたてて客に出します（「点て出し」といいます）。

天井
茶室の天井の形式はさまざま。
写真は、「平天井」とよばれる床と天井が水平な天井。

床柱
床の間のシンボルとなる柱。茶室のほかの柱とは色や材質がことなる美しい木材が選ばれる。

床の間

しょうじ

たたみ

風炉（7ページ）

提供：会津若松観光ビューロー

床の間

かけものや花をかざる空間。客が茶室に入って最初に拝見する場所。

かけもの
「かけ軸」ともいう。茶会のテーマや客に合わせた書を選んでかざる。写真のかけものの書（◯）は、「欠けたところがない」という意味をあらわしている。

茶花
床の間に生ける花を「茶花」という。茶室にある、ゆいいつの命あるものとして、草花などを自然に生えているように生ける。

花入
竹や木、金属などいろいろな素材のものがあり、床の間に置くもの・つりさげるもの・柱にかけるものなど、かざり方もさまざま。

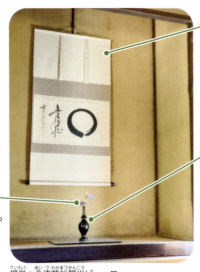
提供：会津若松観光ビューロー

たたみ

下の図は、四畳半（4枚と半分のたたみ）の茶室。茶室のたたみには名前がついていて、しかれた位置により客が座る場所もきまっている。

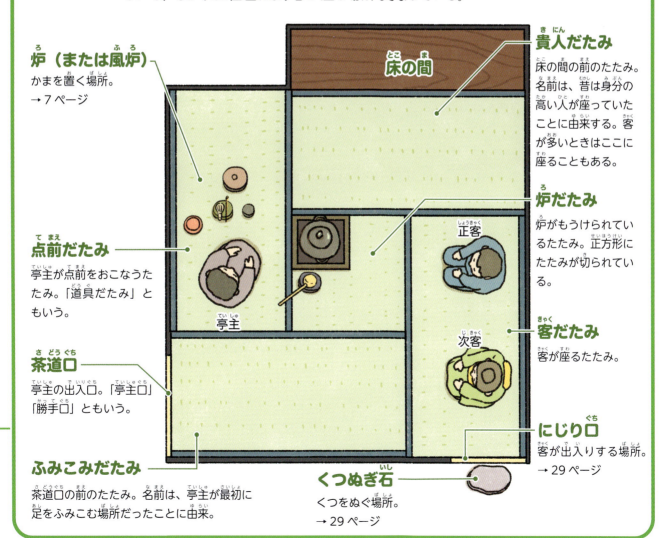

炉（または風炉）
かまを置く場所。
→7ページ

点前だたみ
亭主が点前をおこなうたたみ。「道具だたみ」ともいう。

茶道口
亭主の出入口。「亭主口」「勝手口」ともいう。

ふみこみだたみ
茶道口の前のたたみ。名前は、亭主が最初に足をふみこむ場所だったことに由来。

貴人だたみ
床の間の前のたたみ。名前は、昔は身分の高い人が座っていたことに由来する。客が多いときはここに座ることもある。

炉だたみ
炉がもうけられているたたみ。正方形にたたみが切られている。

客だたみ
客が座るたたみ。

にじり口
客が出入りする場所。
→29ページ

くつぬぎ石
くつをぬぐ場所。
→29ページ

正式な茶会（茶事）の流れ

正式な作法にしたがってもてなす茶会を「茶事」とよびます。茶事では「懐石（茶懐石*¹）」という軽い食事からはじまり、約4時間かけて、濃茶と薄茶、菓子で客をもてなします。

*1 日本料理の中にも懐石料理があるため、茶事でいただく懐石は「茶懐石」と区別してよぶこともあります。

茶事のおもな流れ

茶室に入る準備「待合」

❶ 身じたくを整える
新しい足袋（洋服の場合はくつ下）にはきかえ、身じたくを整える。亭主が出した白湯*²を飲んだり、庭をながめたりしながら亭主のむかえを待つ。

❷ 亭主が出むかえる（むかえつけ）
亭主は、客を出むかえる。亭主と客は、言葉はかわさず礼をする。

❸ つくばいで清める
客は亭主を見送ったあと、つくばいで手を清める。

*2 ふっとうさせ、40℃くらいに冷ましたお湯。

茶室に入る「席入」

❶ 茶室に入る
正客から順に、にじり口（29ページ）の戸を開けて、かがんだ姿勢で茶室に入る。

❷ 茶道具を見る
床の間のかざりや、かまなどの茶道具を拝見したら席につき、亭主を待つ。

❸ あいさつをかわす
亭主が礼をして茶室に入る。正客が代表して「本日はおまねきいただき、ありがとうございます」とあいさつを返し、そのほかの客も礼をする。正客と亭主が庭や季節のことなどの会話をする。

炭の拝見〜懐石をいただく「初座」

① 初炭と香合を見る
亭主が炭点前*3をはじめたら、客は炉または風炉の近くに集まり、炭を置くようすを見る。その後、香合（7ページ）を拝見する。

② 懐石をいただく
亭主が客に懐石でもてなす。客は亭主が用意した料理をいただく。

③ 主菓子をいただく
食事の終わりに、主菓子（21ページ）が出る。正客から順番に菓子を取っていただく。

*3 かまのお湯の温度を上げるために、点前の前に、炉または風炉に炭を足す動きのこと。

いったん退室「中立」

① 退席する
客はいったん茶室から出て、腰かけ待合（28ページ）で待つ。

② 亭主はつぎの「後座」の準備
亭主は茶室のかけものをはずして、かわりに花を生け、かまのお湯かげんを確かめて濃茶（5ページ）の準備をする。

濃茶・薄茶点前「後座」

① 茶室に入り（席入り）道具を見る
客はふたたび茶室にもどり、まず床の間の花、つぎに炉または風炉、茶道具を拝見する。

② 濃茶をいただく
亭主は人数分の濃茶をたてる。正客から順番に同じ茶わんをまわしていただく。

③ 火の調節
亭主は、薄茶をたてるために、炭を足して火を調節する。客もふたたび、炉または風炉の前に集まり、炭を拝見する。

④ 薄茶をいただく
亭主が薄茶をたてる間に、客は干菓子をいただく。1人1つずつの茶わんで薄茶をいただいたあと、なつめと茶しゃくを拝見する。

あいさつして終了「退席」

① あいさつをする
亭主は道具を片づけたあと、客にあいさつをする。客も亭主に礼をし、感謝の気もちを伝える。

② 退席する
正客から順番に床の間やかまを拝見する。末客（最後の客）から退席する。

懐石とは？

懐石という言葉は、もともと修行僧が温めた石をふところ（懐）に入れて空腹をしのいだことに由来します。胃に何も入っていない状態で濃茶を飲むと刺激が強いので、軽くおなかを満たす一汁三菜*4の料理でもてなすようになりました。

*4 汁もの、向付（はじめに出されるお膳のごはんと汁もののおくに置かれる料理）、煮もの、焼きものの3種の料理。

いろいろな茶道のスタイル

まっ茶をたてて客をもてなす作法のことを「点前」といい、まっ茶のたて方や使う道具によって、さまざまな点前のスタイルがあります。薄茶・濃茶をふるまうときの基本的な作法は「平点前」といい、すべての点前の基本となります（8ページ）。

茶のたて方で変わる点前

「濃茶点前」と「薄茶点前」

薄茶をたてることを「薄茶点前」、濃茶をたてることを「濃茶点前」という。まわし飲みする濃茶は茶をじっくり味わってもらうことを、薄茶は1人分ずつたてるので、点前を見せることを重視する。

濃茶／薄茶

季節で変わる点前

季節ごとに道具も変わります。一年を大きく2つに分け、11〜4月は「炉点前」、5〜10月は「風炉点前」をおこないます。

炉点前　11〜4月

冬の寒い時期におこなわれる炉を使った点前。亭主と客がたたみにもうけられた炉を囲む。火を客の近くに置いてあたたかさを感じてもらう。

炉

つりがま　3〜4月

湯気で茶室が暑くなりすぎないように炭からかまをはなすために、天井から鎖でかまをつる「つりがま」を用いる。まだ寒さも残る日があるため、炭の火を見せてあたたかさを感じながら、春風にゆれるかまの動きをたのしむ。

つりがま

風炉

風炉点前　5〜10月

囲炉裏を使う「炉」では火を使う位置を変えられないが、移動できる「風炉」を用いることで客と火の位置を調整できる。春から夏は客から一番はなれた位置に置き、秋になると風炉を客のほうに近づけていく。

道具で変わる点前

たな
亭主が点前する場所に置くたな。水指、ひしゃく、ふた置などの茶道具をかざる。大だなと小だななどの種類がある。さまざまなデザインがあり、季節や茶会のテーマによって使い分ける。

つるべ水指
井戸の水をくむときに使う「つるべ」の形をした水指。井戸にあったつるべに千利休がふたをつけ、水指として使いはじめたといわれている。

茶人たちは水にこだわってきた

つるべ水指に名水を入れてたてるお茶を「名水だて」といいます。名水のあかしとして、つるべ水指にしめかざりをつけます。茶道において水はお茶の味をきめる大切なもの。また、早朝にくんだ水が清らかでよいと考えられたり、寺社のご神水にはご利益があると考えられたりしています。昔から茶人＊たちは、日本中を旅して、名水といわれるわき水や井戸水をさがし、お茶をたてたそうです。

＊茶道（茶の湯）をおこなう人。

アウトドアスタイル

茶箱
お茶をたてる道具一式をもち運ぶための入れもの。訪問先など、いつでもどこでも点前ができる。

野だて
野外でおこなう茶会。庭などに赤い「野点がさ」を立てて点前をする。自然の風景をたのしみながら、まっ茶を味わえる。利休が豊臣秀吉の戦に同行したときに、野外でお茶をたてたことがはじまりといわれている。

旅だんす
旅先に茶道具をもっていくためのたな。中の棚板を取り出し、上に茶道具を置いて茶をたてることができる。

手軽なスタイル

盆点前（名月だて）
お盆の上に茶道具をのせておこなう、カジュアルな点前。とつぜん訪れた客へのもてなしや日常でお茶をたのしむときのスタイル。お盆を月に見立てて「名月だて」ともよばれる。

35

茶道と和の伝統文化のつながり

茶道は、茶室の建築や道具、着物、和菓子など、日本に古くからあるさまざまな伝統文化と深くつながりがあります。

茶道

着物

茶会や茶道のけいこでは、茶会のテーマや季節に合わせた着物を選びましょう。夏に着るゆかたは本来湯あがり（おふろあがり）に着るため、正式な茶会には向きませんが、カジュアルな会ならゆかたでもよいでしょう。洋服の場合は清けつ感のある服そうを心がけましょう（24ページ）。

和建築

茶室（30ページ）には、しょうじ、ふすま、たたみ、床の間など日本特有の建築様式を見ることができます。

提供：明々庵

器

茶道で使われる茶わん（40ページ）には、中国の「唐物茶わん」、朝鮮半島の「高麗茶わん」、日本の「和物茶わん」などがあります。とくに千利休がうみ出した楽焼の茶わんなどが有名です。茶わんだけでなく水指や花入、茶入など、多くの陶磁器でできた茶道具が使われています。

花（華道）

茶道では床の間に四季折々の花を自然なようすで生けます。華道と茶道では花のかざり方にちがいがありますが、どちらも植物を命あるものとして表現しています。

書画

茶室の床の間にかけられる書や絵画も日本の伝統芸術です。かけものに書かれた書の言葉や絵の内容で茶会のテーマをあらわすなど、重要な役割をはたしています。

提供：野村美術

和食・和菓子

和食は、日本の伝統的な食文化として、ユネスコの無形文化遺産にも登録されています。茶道では旬の食材を使った懐石（33ページ）や、季節のモチーフを取り入れた和菓子（38ページ）をいただきます。

提供：如水庵

提供：茶菓　あずきや

茶道に欠かせない季節の和菓子

茶会のたのしみのひとつは、おいしい和菓子が食べられることです。どんな和菓子があるのでしょう。

季節を感じる和菓子

和菓子は、大きく分けて水分の多い生菓子と半生菓子、水分の少ない干菓子があります。生菓子、半生菓子は茶道では「主菓子」とよばれ、正式な茶会では、濃茶と合わせます。干菓子は小ぶりな菓子で、薄茶と合わせます。和菓子は季節の花や生きものなどをモチーフにしていて、茶会のテーマや季節に合わせて用意します。

生菓子・半生菓子

ねりきり

「まんじゅう」や「ねりきり」、「きんとん」などがある。

干菓子

らくがん

こんぺいとう

「らくがん」や「こんぺいとう」、「そぎ種」などがある。

ポイント
和菓子には「菓銘」という名前がつけられているよ。和歌の言葉や花の名前、名所や歴史上の出来事に由来するものが多いよ。

春の和菓子

「桜咲く」（ねりきり）　「土筆」（きんとん）　「花の宴」（そぎ種）　「だんご」（すはま）

夏の和菓子

「あさがおの花」（寒氷）　「あさがおの葉」（すはま）　「砂浜」（押しもの）　「すいか」（ねりきり・錦玉かん）　「ひまわり」（ねりきり・ようかん）

和菓子の種類／ねりきり：白あんをねったもの。らくがん：米・豆の粉・砂糖などをまぜ、木型でかためたもの。こんぺいとう：砂糖菓子。きんとん：あん玉のまわりに裏ごしたあんをかぶせたもの。そぎ種：もち粉のせんべいにあんをはさんだもの。すはま：大豆の粉に水あめをまぜたもの。寒氷：とかしてかためた寒天を乾燥させたもの。押しもの：らくがんとほぼ同じ材料を型に入れ押しかためたもの。錦玉かん：寒天と砂糖を煮つめてかためたもの。

かわいい和菓子や懐紙で、茶会をもっとたのしもう！

和菓子や懐紙（7ページ）には、伝統的なデザインだけでなく、新しいかわいいデザインのものなども増えています。茶会のテーマや季節に合わせて選び、茶会をたのしみましょう。

和菓子
「和柴」（ねりきり）
「コウテイペンギンの親子」（ねりきり）
「ねこづくし」（和三盆の打ちもの）

懐紙
左：「クリスマスツリー」
右：「トリックオアトリート」

ねりきり提供：御菓子司 紅谷三宅／和三盆提供：ばいこう堂／懐紙提供：カミイソ産商株式会社

秋の和菓子

「いてふ」（雲平のようかんサンド）
「銀杏」（和三盆の打ちもの）
「菊花」（ねりきり）
「竜田川」（ねりきり）

冬の和菓子

「雪輪」（寒氷）
「やぶこうじ」（すはま）
「雪椿」（ねりきり）
「水仙」（鹿の子）

雲平：もち米の粉に砂糖と水をまぜてかためたもの。和三盆：「竹糖」という品種のサトウキビを原料として伝統的な製法でつくられる砂糖。打ちもの：らくがん同様に材料を木型でかためたもの。鹿の子：あん玉をみつでつけた豆で包んだもの。

主菓子提供：茶菓　あずきや／干菓子提供（らくがん、こんぺいとうをのぞく）：如水庵

39

お茶はどんな器で飲むの？

茶道に欠かせない道具のひとつである茶わん。千利休がうみ出したといわれる「楽焼」など、代表的な茶わんを見てみましょう。

茶わんのうつり変わり

茶道の茶わんはまっ茶をたてるためにつくられ、茶が冷めないようにごはん茶わんより厚めで、形もちがいます*。まっ茶茶わんは、鎌倉時代（1185～1333年）にまっ茶とともに日本に伝わりました。中国の唐（618～907年）から伝わったため、「唐物茶わん」とよばれ人気となりますが、「わび茶」（44ページ）が広まると、朝鮮半島のそぼくな「高麗茶わん」や日本製の「和物茶わん」が注目されるようになりました。茶わんを選ぶ基準にはとくにきまりはなく、色や形が好みのものを選びましょう。はじめての人は茶せん（6ページ）をふりやすい、底が広めの形がおすすめです。

＊もともとはお茶をいれる茶わんがありましたが、お茶の茶わんに米（ごはん）をもるようになり、ごはん茶わんも「茶わん」とよぶようになりました。

唐物茶わん
中国でつくられた茶わん。青緑色の「青磁」、白い「白磁」、すりばち状の形をした「天目茶わん」などがある。

天目茶わん
提供：メトロポリタン美術館

高麗茶わん
朝鮮半島でつくられた茶わん。ゆるやかに広がったおわん型の「井戸茶わん」、はけでつけたようなもようのある「刷毛目茶わん」などがある。

井戸茶わん
提供：金沢市立中村記念美術館

和物茶わん
さまざまな土、かまど、技法を用いているため、地域ごとに特ちょうがある（41ページ）。

ポイント
茶道で使われる器は大きく分けて陶器と磁器があるよ。陶器の原料はおもに土で、もろいため厚くつくられ、見た目は土っぽさが感じられるよ。磁器の原料はおもに石の粉末で、陶器よりじょうぶで軽く、表面がつるっとしているよ。

人気の茶わん3選
古くから茶人に人気のあった器は、「一楽二萩三唐津」とよばれる京都の楽焼、山口県萩市の萩焼、佐賀県唐津市の唐津焼。これに高麗茶わんの井戸茶わんを加え、「一井戸二楽三唐津」とすることもある。

楽焼／萩焼／唐津焼

千利休と楽焼の茶わん
楽焼は利休が京都の焼きもの職人・長次郎（樂家の初代当主）に焼かせ、茶の湯のためにつくらせた茶わん。ろくろという道具を使わず、手ごねでつくり、ゆがみや厚みなどの味わいがある。器の表面に光たくを出す薬（ゆう薬）のちがいにより、黒い「黒楽」、赤い「赤楽」がある。

和物茶わんのおもな産地

❶ 美濃焼（岐阜県）
古田織部が考え出した、ゆがんだ形の「織部焼」（46ページ）をはじめ、真っ黒な「瀬戸黒」、乳白色の「志野焼」など、さまざまな美濃焼がある。

織部焼
提供：メトロポリタン美術館

瀬戸黒
提供：メトロポリタン美術館

志野焼

❷ 信楽焼（滋賀県）
土の性質により焼き上げるとほのかに赤みをおびる。火のいれ方によって変わる色を「かま味」とよぶ。

❸ 備前焼（岡山県）
ゆう薬を使わず、絵つけ（絵やもようをいれること）もしない。土のもつあたたかみがある。

越前（福井県）
瀬戸（愛知県）
常滑（愛知県）
丹波（兵庫県）

🔴 ポイント
信楽、備前に、瀬戸（愛知県瀬戸市）、常滑（愛知県常滑市）、越前（福井県越前町）、丹波（兵庫県丹波篠山市）を加えた6つの産地は「六古窯」とよばれ、「日本遺産」に登録されている。古くから陶磁器の生産がさかんで、技術が受けつがれてきた地域だよ。

❹ 萩焼（山口県）
江戸時代（1603～1868年）に萩の藩主・毛利輝元が朝鮮半島からまねいた職人がはじめた焼きもの。高麗茶わんの影響が強い。土の風合いをいかしたそぼくさが特ちょう。

❺ 唐津焼（佐賀県）
土の風合いをいかしつつ、絵つけやゆう薬のくふうによりさまざまな種類がある。

季節や行事に合わせて茶わんをたのしもう！

茶会の準備では、茶わん選びも大切。季節や茶会のテーマ、まねいた客にゆかりのある茶わんでもてなせば、思い出に残る茶会となるでしょう。

お花見に

干支に合わせて

クリスマスに

夏に
ガラス製の器「パート・ド・ヴェール」。
提供：墨東清友館（有）菊池商店

物語の一場面
「竹取物語」の場面がえがかれている。

どんな茶室があるの？

国宝に指定されている茶室、現代に建てられた新しいデザインの茶室など、日本各地にあるさまざまな茶室を見てみましょう。

京都府

京都府には2つの国宝の茶室をはじめ、歴史のある茶室が多くあります。

国宝 密庵
建築時期：江戸時代*

大徳寺内の龍光院というお寺にある茶室。豊臣秀吉や徳川家康にもつかえた江戸時代の茶人・小堀遠州により建てられたといわれる。一般に公開はされていない。

東陽坊
移築：1924年

建仁寺にある茶室。「北野大茶湯」（45ページ）のときに建てた茶室を大正時代に移した。

提供：建仁寺

国宝 待庵
建築時期：安土桃山時代*

臨済宗のお寺・妙喜庵内にある茶室。豊臣秀吉が千利休につくらせた、日本最古かつ、利休によるものとして残っているただ1つの茶室といわれている。わずか二畳の茶室。

既白庵
建築時期：江戸時代*

妙心寺内の桂春院では茶道が禁止されていたので、敷地のすみにつくられた。ふだんは非公開。

提供：桂春院

島根県　明々庵
建築時期：江戸時代*

松江に茶の湯を広めた茶人で松江藩の7代目藩主・松平不昧の好みに合わせてつくられた、かやぶきの屋根が特ちょうの茶室。

提供：明々庵

佐賀県　佐賀県立名護屋城博物館　黄金の茶室
復元：2022年

安土桃山時代に豊臣秀吉が自分の権力をほこるためにつくった茶室。かべや茶道具などすべて黄金でできている。名護屋城に併設の名護屋城博物館により復元された。

提供：佐賀県

滋賀県　俯仰軒（佐川美術館）
創設：2007年

佐川美術館に併設の樂吉左衛門館にある茶室。千利休の茶わんをつくった樂家の15代目・樂直入さんのアイデアで、水にうかぶように建てられている。

提供：佐川美術館

* 安土桃山時代（1573〜1603年）、江戸時代（1603〜1868年）

石川県 玉泉園　灑雪亭
建築時期：江戸時代*

加賀藩の重臣・脇田家の庭園だった玉泉園内にある茶室。

宮城県 観瀾亭
移築時期：江戸時代*

仙台藩主の伊達政宗が、秀吉が建てた京都の伏見桃山城内の茶室をゆずりうけた。2代目藩主・伊達忠宗が、現在の場所（宮城県）にうつした。日本三景のひとつ松島をのぞむ。

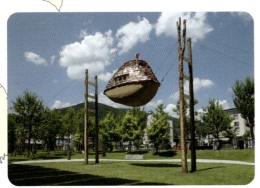
提供：藤森照信

長野県 空飛ぶ泥舟
創設：2011年

建築家・藤森照信さんがつくった茶室。地上3.5mの高さにワイヤーでつり上げられ、まるで空中にういているように見える。

東京都 玄鳥庵（サントリー美術館）
創設：1961年

高層ビルの6階にあり、立礼席（たたみではなく、いすに座りお茶をいただく）や屋外テラスがある。

愛知県 如庵　国宝
建築時期：江戸時代*

織田信長の弟、織田有楽斎が建てたといわれる茶室。6つの窓があり、なかでも竹のすきまから光がさしこむ「有楽窓」が有名。

提供：名古屋鉄道株式会社

提供：会津若松観光ビューロー

福島県 鶴ヶ城　茶室麟閣
復元：1990年

千利休の切腹後、子の少庵（47ページ）が会津にかくまわれたときに少庵のために建てられた茶室。

全国の大きな茶会

提供：二条城

二条城 市民大茶会（京都府）
京都二条城で開かれる秋の茶会。裏千家、表千家、藪内家、武者小路千家の4つの流派が日がわりで点前をひろうする。

金沢城兼六園大茶会（石川県）
金沢の兼六園周辺の4会場で茶会が開かれる。茶器や茶道具のコンテストも開かれ、入賞作品が茶会で使用される。

松江城大茶会（島根県）
京都、石川と並ぶ日本三大茶会のひとつ。毎年10月に開かれ、松江に伝わる武家茶道の不昧流をはじめ、複数の流派の点前を体験できる。

大茶盛式（奈良県）
西大寺というお寺で、鎌倉時代からつづく茶の儀式。僧侶が大きな茶わんと道具でお茶をたて、参加者にふるまう。

東京大茶会（東京都）
江戸東京たてもの園と浜離宮恩賜庭園でおこなう大規模な茶会。野だて（35ページ）なども体験できる。

献茶祭（京都府）
北野天満宮で秀吉が開いた「北野大茶湯」（45ページ）にちなんで開かれる神事。神前に献茶したあと、茶会がおこなわれる。

徳川茶会（愛知県）
徳川美術館の茶会。徳川家康や豊臣秀吉が実際に所有していたすぐれた茶道具が見られる。

茶の湯を伝えた人たち

茶道はいつ、どのようにはじまり、どのような茶人*¹ に受けつがれてきたのでしょう。

*1 茶道（茶の湯）をおこなう人。

まっ茶は中国から伝わった！

日本にはじめてお茶（緑茶）が伝わったのは平安時代（794 〜 1185 年）です。このときのお茶は、現在のせん茶のような緑色のお茶ではなく、ウーロン茶に近い茶色のお茶だったといわれています。その後、鎌倉時代（1185 〜 1333 年）に、仏教を学びに宋の時代（960 〜 1279 年）の中国に渡った栄西という僧により、まっ茶やまっ茶を飲む風習が伝わりました。仏教の僧である明恵は、栄西からゆずり受けたお茶を京都の栂尾という地域で栽ばいし、育てたお茶の木を宇治に移植します。これが現在の「宇治茶」のはじまりとなりました。

栄西*² 提供：大本山建仁寺

明恵 提供：国立国会図書館

*2 「えいさい」ともよびます。

茶の湯が広まるまで

鎌倉時代末期の茶会は、中国の茶道具（唐物）で茶をたて、和歌をよむなど、貴族や武士たちのはなやかな社交の場でした。その中でお茶を飲み産地を当てる「闘茶」がうまれ、やがてかけごとになるほど流行しました。そうしたはなやかな茶の湯に対し、村田珠光*³ は禅宗の精神性を大切にした「わび茶」という茶道様式をうみ出します。その後、弟子・武野紹鷗が受けつぎ、さらに弟子の千利休が茶の湯を確立しました。利休は織田信長や豊臣秀吉など戦国武将たちに茶の指導をして、茶道を広めます。利休の死後、古田織部、利休の孫の宗旦らが受けつぎ、多くの茶道の流派がうまれました。江戸時代（1603 〜 1868 年）には幕府が茶道を儀礼に取り入れるとともに、商人にも広まっていきます。明治時代（1868 〜 1912 年）初期に西洋文化が日本で広まると、茶の湯は一時衰退したものの、女子教育に取り入れられると、ふたたび教養として広まっていきました。

*3 「むらたしゅこう」ともよびます。

「わび茶」をはじめた
村田珠光（1422 〜 1502）

和の道具のそぼくな美しさに注目し、ものの数や豪華さよりも心の豊かさを大事にした。現在の茶道につながる「わび茶」のもとをつくったため、「茶祖」とよばれている。

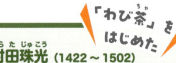
提供：国立国会図書館

わび茶をさらに深めた
武野紹鷗（1502 〜 1555）

村田珠光につづき、わび茶を進めた。それまで禅宗の言葉（漢語）が書かれていたかけものに和歌を用いるなど、わび茶の美学を追求した。

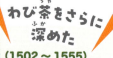
提供：国立国会図書館

茶の湯を確立させた！
千利休（1522 〜 1591）

武野紹鷗の弟子。わび茶を完成させ、戦国武将につかえ武士に広めた。多くの弟子を育て、利休の茶の精神は現在の茶道にも受けつがれている。

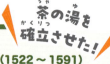

提供：堺市博物館

茶聖*4・千利休はどんな人物？

1522年、現在の大阪府堺市でうまれ、本名は田中与四郎、号*5は宗易といいました。18歳ごろ、武野紹鴎の弟子となり、「わび茶」を学びます。23歳で茶会を開いて成功をおさめ、天下統一をめざす織田信長の茶頭（茶会を取り仕切る役）をつとめ、その後、豊臣秀吉にもつかえました。秀吉が開いた天皇にお茶をふるまう茶会を成功させた結果、天皇から「千利休」という名を贈られます。利休は茶室の入り口「にじり口」（29ページ）をせまくし、わずか二畳の茶室をつくりました。この茶室では、だれもが頭を下げて茶室に入ることになり、刀をさしたまま入れず、刀をふるうこともできません。身分に関係なく平等にお茶をたのしむことをめざしたのです。また、「利休形」*6とよばれる茶道具も考案しました。

*4 茶の湯を確立したことから「茶聖」とよばれます。
*5 文化人が、本名とはべつに名のる名前。
*6 形の整った茶道具ばかりでなく、手に入りやすい竹の花入や日常的に使う器を茶の湯に取り入れるなど、新しい価値観をうみ出しました。

提供：堺市博物館

茶の湯をおこなった戦国武将

織田信長
（1534～1582）

提供：泰巖歴史美術館

天下統一に向け、商業の中心地であった堺の商人とのつながりを強くしたい織田信長は、千利休をはじめ、堺の商人で茶人でもある人物を多く取り立てた。信長は、すぐれた茶器を、手がらを立てた大名や家臣にあたえるなど茶の湯を政治に取り入れた。京都の本能寺で茶会をおこなう前夜、明智光秀にうたれて亡くなった。

豊臣秀吉
（1537～1598）

提供：泰巖歴史美術館

織田信長のあと、天下を統一した武将・豊臣秀吉も利休を取り立てた。茶室をつくらせたり、北野天満宮（京都府）の大茶会「北野大茶湯」を開かせたりした。

秀吉と利休のエピソード

利休の家に美しい朝顔が咲いていると聞いた秀吉は利休の家をたずねますが、庭に朝顔は一輪も咲いていません。がっかりした秀吉が茶室に入ると、床の間には朝顔が一輪だけかざられていました。一輪の朝顔の美しさを引き立てるため、ほかの朝顔をつんだ利休の演出に、秀吉は感動したといわれています。利休の美の感覚に敬意をもっていた秀吉ですが、やがて考え方のちがいから、2人の関係は悪くなっていきます。利休が大徳寺の三門を建てるために寄付をしたところ、大徳寺側は利休に感謝し、三門の2階に利休の木像を置きました。秀吉は「通るたびに利休にふみつけられている」と怒り、利休は切腹を命じられたともいわれています。

千利休の弟子と茶道の流派を見てみよう

千利休のたくさんの弟子の中で、とくにすぐれた茶人とされる7人を「利休七哲」とよんでいます。利休の死後、どのような人たちが茶の湯を受けついできたのでしょう。

利休七哲

＊名前の読み方は、茶道や一般的に知られている名称で表記しています。

細川忠興（1563〜1645）
文武両道の武将。茶人としての名は「三斎」という。利休の茶の湯を忠実に引きついだ弟子として知られる。

蒲生氏郷（1556〜1595）
会津若松の鶴ヶ城の城主。利休が亡くなったあと、利休の子・少庵をかくまった。

高山右近（1552〜1615）
キリシタン大名。茶会のときは、露地のほか茶室の縁の下まではき清めるほどの、けっぺきな性格だったといわれる。

芝山監物（生没年不明）
信長・秀吉につかえる。利休七哲の中でも、蒲生、細川と並び「利休門三人衆」とよばれるほどのすぐれた弟子といわれる。

牧村兵部（1545〜1593）
古田織部に先がけてゆがみのある茶わんを用いて、新しい感性を茶の湯に取り入れた。

前田利長（1562〜1614）
加賀藩初代藩主、豊臣秀吉につかえた武将。利休と古田織部に茶の湯を学んだ。

古田織部（1544〜1615）
美濃（現在の岐阜県）生まれの武将で茶人。独自の美的感覚をもち、いびつな形の茶わんを好んだ＊。織部の好みを反映して、独創的な形や色の「織部焼」がうまれ、織部の焼きものは「へうげもの」（「ひょうきんなもの」という意味）とよばれた。利休の死後、天下一の武将茶人となり、茶道の流派「織部流」をおこすが、やがて徳川家康により切腹を命じられた。

＊古田織部が好んだお茶の道具は、京都市の「古田織部美術館」などに展示されています。

織部焼
提供：土岐市美濃陶磁歴史館

織部焼は美濃焼（41ページ）のひとつ。いびつな形や派手なもようをほどこし、アンバランスな美しさが特ちょう。

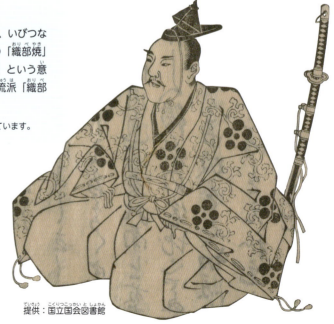

提供：国立国会図書館

茶道の流派とは？

千利休の死後、子や多くの弟子が茶の湯を受けつぎ、それぞれのグループ（流派）がうまれました。やがて道具や作法に独自のくふうが加えられていきました。

代表的なのは「三千家」とよばれる利休の孫の千宗旦の子どもたちがおこした3つの流派です。宗旦の家を受けついだ千宗左の流派は「表千家」、その裏にある家を受けついだ千宗室の流派は「裏千家」、武者小路通りの別邸を受けついだ千宗守の流派は、通りの名にちなんで「武者小路千家」とよばれるようになりました。

千利休
→ 45 ページ
提供：堺市博物館

夫婦

千宗恩（？～1600）
利休の後妻。茶道具や茶会のくふうに才能を発揮した。そのひとつがふくさで、ふくさが現在の大きさになったのは宗恩のアイデアと伝わっている。

千家2代目 千少庵（1546～1614）
千宗恩の連れ子。のちに利休の娘お亀と結婚した。利休が切腹したあと、会津に逃げ蒲生氏郷の保護により鶴ヶ城にかくまわれていた。徳川家康のとりなしにより豊臣秀吉にゆるされ、京都にもどり家を再興した。

三千家
宗旦の3人の息子がおこした流派。息子たちはそれぞれ藩の茶頭をつとめ、茶道を広めた。

千家3代目 千宗旦（1578～1658）
少庵の息子。祖父・利休の死を教訓に、権力からはなれ、わび茶の世界をさらに深めた。3人の息子が「三千家」をおこした。

表千家
千宗旦の3男・千宗左が開いた流派。伝統的で格式が高い。点前では、まっ茶にあまりあわを立てないのが特ちょう。

裏千家
千宗旦の4男・千宗室が開いた流派。はなやかな道具が多く、現在の最大人数をほこる流派。

武者小路千家
千宗旦の次男・千宗守が開いた流派。伝統的な作法で表千家に近いといわれる。

そのほかのおもな流派

遠州流
古田織部の弟子、小堀遠州が開いた流派。伝統的な武家茶道を受けついでいる。

小堀遠州（1579～1647）
提供：国立国会図書館

宗徧流
宗旦から茶の湯を学んだ山田宗徧が開いた流派。

藪内流
武野紹鷗から茶の湯を学んだ剣仲紹智が開いた流派。

ポイント
「家元」とは茶道のそれぞれの流派の伝統を守り、技術を伝えるリーダーだよ。点前の流儀などを改良したり、弟子を指導したり、免許状をあたえたりしているよ。

| 監修 | 桐蔭学園茶道部　顧問・持丸健一 |

桐蔭学園茶道部顧問。大学生のときに友人の誘いで宗徧流の茶道教室に入門し、20年にわたり茶道を学ぶ。桐蔭学園の教員の際には、茶道部の指導を30年ほどおこなった。教員退職後も茶道部の指導をつづけ、学園祭での茶会や四季ごとの茶会、陶芸教室や和菓子づくりなど茶道に関連した体験活動を生徒とおこなっている。

| 撮影協力 |

● 桐蔭学園茶道部

● 宮本香菜子（桐蔭学園教諭）

| スタッフ |

● イラスト　　　　　いしかわみき
● デザイン・DTP　　ダイアートプランニング（高島光子、野本芽百利）
● 撮影　　　　　　　村尾香織
● 執筆協力　　　　　加茂直美
● 校正　　　　　　　夢の本棚社
● 編集協力　　　　　株式会社スリーシーズン（永渕美加子、藤門杏子）
　　　　　　　　　　中村順行（静岡県立大学茶学総合研究センター）
● 写真　　　　　　　ピクスタ、メトロポリタン美術館　P40: H. O. Havemeyer Collection, Bequest of Mrs. H. O. Havemeyer, 1929 ／ P41:Mary Griggs Burke Collection, Gift of the Mary and Jackson Burke ／ P41: Dr. and Mrs. Roger G. Gerry Collection, Bequest of Dr. and Mrs. Roger G. Gerry, 200

| 参考文献 |

『お茶をはじめてみよう　ようこそ茶の湯の世界へ』（淡交社編集局編、淡交社）
『人生を豊かにする　あたらしい茶道』（松村宗亮著、朝日新聞出版）
『新版 はじめての茶の湯』（千宗左著、主婦の友社）
『茶の湯の歴史 千利休まで』（熊倉功夫著、朝日新聞出版）
『茶の湯早わかり事典』（主婦の友社編、主婦の友社）
『茶の湯 便利手帳１　茶道百科ハンドブック』（竹内順一監修、世界文化社）
『はじめての茶道　本人の目線で点前を学ぶ』（田中仙融著、中央公論新社）
『見所がわかる 茶の湯のやきもの鑑賞入門』（小田達也著、淡交社）
『利休百首ハンドブック』（淡交社編集局編、淡交社）
『知ると楽しい！　和菓子のひみつ　未来に伝えたいニッポンの菓子文化』（「和菓子のひみつ」編集部著、メイツ出版）

| 伝えよう! 和の文化 | お茶のひみつ② 茶道を体験しよう

2024年12月25日　初版第1刷発行

監修　桐蔭学園茶道部

編集　株式会社 国土社編集部

発行　株式会社 国土社

　　　〒101-0062 東京都千代田区神田駿河台 2-5

　　　TEL 03-6272-6125　FAX 03-6272-6126

　　　https://www.kokudosha.co.jp

印刷　瞬報社写真印刷株式会社

製本　株式会社 難波製本

NDC 791　48P/29cm　ISBN978-4-337-22702-6　C8361

Printed in Japan © 2024 KOKUDOSHA

落丁・乱丁本は弊社までご連絡ください。送料弊社負担にてお取替えいたします。